三步轻松做西餐

爱上西餐的美好，就从这一本书开始

甘智荣 主编

黑龙江科学技术出版社
HEILONGJIANG SCIENCE AND TECHNOLOGY PRESS

图书在版编目（CIP）数据

三步轻松做西餐 / 甘智荣主编 . -- 哈尔滨：黑龙
江科学技术出版社，2018.1

ISBN 978-7-5388-9350-2

Ⅰ . ①三… Ⅱ . ①甘… Ⅲ . ①西式菜肴 – 菜谱 Ⅳ .
① TS972.188

中国版本图书馆 CIP 数据核字 (2017) 第 253362 号

三 步 轻 松 做 西 餐

SANBU QINGSONG ZUO XICAN

作　者	甘智荣
责任编辑	马远洋
策划编辑	深圳市金版文化发展股份有限公司
封面设计	深圳市金版文化发展股份有限公司
出　版	黑龙江科学技术出版社
	地址：哈尔滨市南岗区公安街 70-2 号　邮编：150007
	电话：（0451）53642106　传真：（0451）53642143
	网址：www.lkcbs.cn
发　行	全国新华书店
印　刷	深圳市雅佳图印刷有限公司
开　本	720 mm × 1020 mm　　1/16
印　张	10
字　数	120 千字
版　次	2018 年 1 月第 1 版
印　次	2018 年 1 月第 1 次印刷
书　号	ISBN 978-7-5388-9350-2
定　价	35.00 元

— CONTENTS —

— CHAPTER 01 —
零基础认识西餐

01 认识西餐的烹调工具   002

02 西餐的美味，离不开这些香料   004

03 西餐餐具的摆放   006

— CONTENTS —

— CHAPTER 02 —
开胃头盘，拉开西餐序幕

魔鬼蛋	011	黄金扇贝	029
欧式开胃菜	012	经典地中海沙拉	030
奶油三文鱼开胃菜	015	蒜香芝士焗口蘑	032
芝麻味噌煎三文鱼	017	醋香蔬菜	035
美乃滋虾仁果蔬沙拉	018	普罗旺斯炖菜	036
香菇鲜虾盏	021	什锦蔬菜干酪吐司	039
鲜虾番茄船	022	火腿薯泥	040
青柠檬北极贝	024	奶油鸡肉酥盒	042
翡翠青口烤奶酪	026	蔬菜烤串	044

— CONTENTS —

— CHAPTER 03 —
西式靓汤，复苏食客味蕾

土豆汤配法国面包　　049　　　意式蔬菜汤　　　061

豌豆牛油果冷汤　　　050　　　北欧式三文鱼汤　063

奶油炖菜汤　　　　　053　　　法式鲜虾浓汤　　064

酸黄瓜汤　　　　　　054　　　龙虾汤　　　　　067

西班牙番茄冻汤　　　057　　　花甲椰子油汤　　069

罗宋汤　　　　　　　058

CONTENTS

— CHAPTER 04 —

亮眼主菜，追求精致美味

米其林三星牛排	073	香煎黄油鸡排	097
香煎牛排	075	香草鸭胸	098
烩牛腩	076	法式焗蜗牛	100
红酒炖牛肉	079	柠香烤鱼	103
黑椒羊排	081	香烤三文鱼	105
黑椒汁煎羊腿片	082	芝麻鲑鱼黄瓜冷面	106
孜然法式羊小腿	085	蒜蓉香草牛油烤龙虾	109
瑞典肉丸	087	芝士金枪鱼通心粉	110
锅烤蒜香黄油鸡	088	芦笋火腿意大利面	113
脆皮烤鸡	091	番茄酱意大利面	114
多蔬南瓜酱焗鸡肉	092	肉酱贝壳面	116
薄切鸡扒	094	培根番茄酱焗意面	118

— C O N T E N T S —

— **CHAPTER 05** —

餐后甜品，享受甜蜜时光

草莓圣诞老人	122	千丝水果派	138
芒果轻芝士	125	轻乳酪蛋糕	141
法式焗苹果	127	拿破伦千层酥	143
美式巧克力豆饼干	128	华夫饼	144
香草泡芙	131	绚彩四季慕斯	146
草莓挞	133	思慕雪	148
树莓慕斯	134	香草冰淇淋	150
蓝莓派	136		

CHAPTER
— 01 —

零基础认识西餐

在品尝西餐前，
需要对西餐有个基础认识。
从基础烹调工具，
到餐具正确摆放；
从认识常用香料，
到了解基本礼仪，
都需要我们用一颗优雅的心来对待。

01

— 认识西餐的烹调工具 —

西餐的烹调工具影响着菜品的味道。要想让西餐菜肴更完美，选择正确的烹调工具是重要的一个环节，一点也马虎不得。另外，正确使用刀具切割食材，不仅可以保持食材的美感，还能保留其营养成分。接下来，我们就先为大家逐一介绍西餐烹调工具的用途。

01. 家用烤箱

家用烤箱分为台式小烤箱和嵌入式烤箱两种。在西餐中，通常用来焗饭、烤果仁、烤肉、烘焙、解冻等。

02. 微波炉

微波炉是在制作西餐时使用频率比较高的厨房电器之一，可以用来对食物进行烹调、解冻、加热、保鲜等。

03. 平底煎锅

平底煎锅是一种用来煎煮食物的器具，在西餐中经常用到它。它适合用来烤或炒海鲜、蔬菜类、肉类等食材。

04. 汤锅

汤锅一般以不锈钢为材质，是使用率极高的厨房工具之一。它在西餐中主要用来煮汤、煮粥、煮面、煮饺子、熬酱汁等。

05. 厨刀

厨刀是西餐中的主要刀具，其刀身相对比较宽，刀刃的部分为弧形，主要用来取鱼肉、切蔬菜、去筋、去皮等。

06. 面包刀

面包刀，刀刃呈齿状，比较锋利，比厨刀更薄。西餐中常用来切割面包、蛋糕等。

07. 比萨刀

比萨刀半径 4.5 厘米左右，比其他刀具的半径大，结实耐用，而且容易清洗。西餐中主要用于切割比萨、派等。

08. 厨房剪刀

厨房剪刀是一种专为厨房设计的器具。在西餐中，通常用它来开启瓶盖，也可以用于剪断鸡骨、夹开螃蟹或核桃等。

09. 肉锤

肉锤是典型的西式厨具之一。在西餐中，经常用来捶松肉排、砸断肉筋，使肉排的肉质鲜嫩，便于烹制。

10. 挖球器

挖球器有单头的，也有双头的。西餐中主要用于将水果、雪糕挖成球形，用作装饰或制成花式冰淇淋。

11. 打蛋器

打蛋器是厨房中必不可少的用具之一，多以不锈钢为材质。西餐中常用来打散鸡蛋，制成蛋液，或用来搅拌沙司。

12. 电动搅拌器

电动搅拌器搅拌速度快，且更省力，打发的效果更好，搅拌面糊时容易让面糊起筋。

13. 刨丝器

刨丝器在西餐中的应用极为广泛，是西式厨房的好帮手，可以将整块奶酪刨成丝状，也可以将蔬果刨成丝状。

02

─ 西餐的美味，离不开这些香料 ─

在享用西餐时，总是会看到各种稀奇古怪的香料，它们是一道西式料理中必不可少的点睛之笔，为食材增添了色彩，赋予每一道佳肴妙不可言的好滋味。下面就为大家介绍几种比较有特色的经典香料。

百里香

百里香是西餐烹饪中常用的香料，味道辛香，主要用来制成香料包、酱汁，作为汤、蔬菜、禽肉、鱼的调味品。

莳萝

莳萝味辛甘甜，可作为小茴香的替代品，西餐中多用它来制作沙拉、酱汁，还可以用来烹饪鱼类或肉类。

罗勒

罗勒又叫九层塔，芳香四溢，在西餐里很常见，和番茄特别搭配，主要适用于肉类、海鲜、酱料的料理。

薄荷

薄荷会散发出不同气味，如苹果味等，幼嫩茎尖可做菜食，西餐中主要适用于烹制酱汁羊肉，或郁香的甜点。

迷迭香

迷迭香有着浓郁的香味，味辛辣，带有茶香，在西餐中，通常适用于羊肉、羊排或牛排的烹调，也适用于酱汁的制作。

欧芹

欧芹是一种香辛叶菜类，西餐中应用较多，多作为冷盘或菜肴上的装饰，也可做香辛调料，还可供生食，或去除异味。

牛至叶

牛至叶是西餐里烹制意大利薄饼、墨西哥菜和希腊菜必不可少的香料，也可以用于添香，或去除肉类的膻味。

龙蒿

龙蒿有种大茴香的清香味，是制作酱汁、汤品的好材料，主要用于鱼肉、鸡肉、蔬菜的西餐料理中，令菜肴更美味。

香茅

香茅为西餐料理中常见的香草之一，因有柠檬香气，又称为柠檬草，多用于禽肉、海鲜的烹调，还可用于去除肉腥味。

月桂叶

月桂叶也称香叶，带有辛辣味，是欧式餐厅常用的调味料，适合于汤品与酱汁，也用于餐点装饰，使之外形更美观。

丁香

丁香又称紫丁香，具有独特的芳香，西餐中多用于点心与酒的制作，也可以在烧烤猪腿、火腿时使用。

肉桂

肉桂又名玉桂，味甜而辣，一般主要用在点心与面包的制作上，如在制作西餐里的苹果派时，添加肉桂使口感更酥软。

鼠尾草

鼠尾草香味浓烈,在西餐中，通常用于调制馅料，以及用于猪肉、鸡肉、豆类、芝士或者野味材料的烹调。

肉豆蔻

肉豆蔻又名肉蔻，西餐中一般用作调味，也可搭配鲜奶、水果、蔬菜来食用，尤其是用来烹饪马铃薯，会更加美味。

藏红花

藏红花一般指番红花，是法式烹调中的常用香料，也是一种非常贵的香料，适用于禽肉、海鲜料理。

03
― 西餐餐具的摆放 ―

西餐餐具很多，怎样摆放才是规范的呢？
下面，就以一般餐馆里最常见的餐具布置
为例，具体讲一下西餐餐具的摆法。

― 餐桌的布置 ―

餐具放置的范围，以每一位客人使用桌面
横 60 厘米，直 40 厘米为准。

餐桌上一般都盖有台布，餐具通常在客人
入座前就已经放在每个就餐者的面前了。这些
餐具包括：底盘、刀、叉、餐勺、面包碟、杯子
和餐巾等。

― 底盘的摆放 ―

底盘又称摆饰盘、展示盘。就餐者一般预
先放置在正前方的中央位置，盘沿距桌边不超
过 0.6 厘米。底盘不直接盛放食物，侍者上菜
时会把饭菜及盛菜的盘子放在底盘上。有时，
侍者在上第一道菜时会把底盘拿走。也有些西
餐厅不在餐桌上摆放底盘，侍者上菜时会把饭
菜及其盘子直接放在餐桌上。

— 餐巾的使用 —

餐巾既可以放在底盘上，也可以放在餐叉的左边。折餐巾有以下几种方式。

简易折法	莲花折法

① 取一张餐巾，铺平。

② 将正面朝下，从一个角卷起。

③ 卷成筒状后，对折即可。

① 将餐巾背面朝上铺平，四个角向中心折起，再将新出现的四个角向中间折起。

② 翻转餐巾，再将四个角向中心折起，将一个角的背面拉起，呈花瓣状。

③ 再将背面的餐巾角拉起，依次将餐巾角全部拉起，做成莲花状即可。

— 叉、刀的摆放 —

叉（餐叉、鱼叉、头盘叉）放在底盘的左边，刀（餐刀、鱼刀）放在底盘的右边，刀刃朝向底盘，在餐刀的右边放汤匙。

餐具可依用餐顺序（前菜、汤、副菜、主菜、甜品），视你所需由外至内使用：

① 餐刀三只，置于底盘的右侧，刀刃朝向底盘。

② 汤匙一只，置于餐的右外侧，匙心向上。

③ 餐叉三只，置于底盘的左侧，叉齿向上。

④ 点心叉及匙各一只，摆置在底盘的前上端。不过，就餐前，餐桌上不一定非要摆上点心叉与匙，它们可在供应点心时，由侍者带去摆上餐桌。

⑤ 面包牛油碟置于餐叉的左前方，碟上横置牛油小刀一只，与餐叉垂直摆放。

⑥ 餐刀上方摆好水杯、酒杯。

CHAPTER
— 02 —

开胃头盘，拉开西餐序幕

开胃头盘一般都具有特色风味，
味道以咸和酸为主，
数量较少，质量较高，
精致而又充满艺术感，
能让视觉上的盛宴在舌尖上盛放。
开胃头盘奏响了前奏，
唤醒宾客们沉睡的味蕾，
一场华丽的味觉盛宴就此拉开序幕。

魔鬼蛋

扫一扫二维码
视频同步做美食

☒ 准备材料

鸡蛋 3 个，黄彩椒 15 克，红彩椒 15 克，蛋黄酱 30 克，细香葱叶段适量

☒ 准备调料

盐 3 克，胡椒粉 2 克，鸡粉 3 克，橄榄油适量，白洋醋适量，法式芥末酱 15 克，红胡椒碎适量

1 备料

洗净的红彩椒切粒；洗净的黄彩椒去籽，切粒；奶锅中注水，大火烧开，放入鸡蛋，大火煮约 20 分钟至熟，取出放凉，去壳。将去壳的鸡蛋对半切开，分离蛋白和蛋黄，将蛋黄装入碗中，蛋白底部稍切平以更好摆放。

2 制作蛋黄泥

往装有蛋黄的碗中加入鸡粉、胡椒粉、盐、红彩椒粒、黄彩椒粒，淋上蛋黄酱，加入法式芥末酱，淋入白洋醋、橄榄油，搅匀至入味。

3 填入蛋黄泥

将制好的蛋黄泥装入裱花袋，剪去袋尖，将蛋黄泥挤入蛋白中，放上红胡椒碎，撒上细香葱叶段装饰即可。

欧式开胃菜

难易度：★★☆

烹调时间：9分钟

▢ 准备材料

去皮土豆 100 克，剑鱼肉 80 克，
西式腌黄瓜 40 克，火腿片 30 克，
甜菜 15 克，生菜叶适量

▢ 准备调料

沙拉酱适量，淡奶油适量，鱼子
酱 10 克

1 备料

将西式腌黄瓜切成末，将洗净的甜菜切成丝，待用；洗净的剑鱼肉切成小丁，土豆切成和鱼肉一样大小的丁。将鱼肉丁装碗，放入沙拉酱，搅拌均匀，待用。

2 处理土豆丁

炒锅中注水烧开，放入土豆丁，煮约5分钟至熟，捞出装碗，放入少许沙拉酱，搅拌均匀，待用。

3 开始摆盘

取一个西餐盘，放上洗好的生菜叶，再摆入一个模具，往模具内倒入拌好的鱼肉丁、土豆丁，待其固定成型后取出模具，依次放上鱼子酱、西式腌黄瓜末、甜菜丝。在沙拉一旁放上适量淡奶油，摆上用牙签固定的火腿卷即可。

奶油三文鱼开胃菜

☼ **准备材料**

三文鱼 100 克，饼干 50 克，罐头甜菜根 100 克，洋葱 30 克，欧芹叶少许，醋浸刺山柑蕾少许

☼ **准备调料**

淡奶油 50 克，橄榄油少许，盐少许

1 备料

将洗净的三文鱼切成 3 毫米厚的薄片，放入托盘中，将橄榄油涂在三文鱼片上面，撒入少许盐，拌匀，放入冰箱中冷藏 15 分钟；洋葱洗净，剥去表皮，切成细条状；罐头甜菜根清洗干净，切成细条状。

2 打发奶油

将备好的淡奶油装入一个不锈钢的大盆里，持电动搅拌器匀速持续打一会儿，至呈打发的状态，待用。

3 依次摆上食材

将饼干并排摆放在案板上。将淡奶油装入裱花袋中，裱花袋尖部剪一个小口，将淡奶油挤在饼干上，再摆上罐头甜菜根条。将冷冻好的三文鱼片取出，折皱，放在罐头甜菜根条上。最后放上洋葱条、醋浸刺山柑蕾，点缀上欧芹叶即可。

难易度：★★☆

烹调时间：18分钟

开胃菜 | 用心和胃来感知这份精致

芝麻味噌煎三文鱼

扫一扫二维码
视频同步做美食

¤ 准备材料

三文鱼肉 100 克，去皮白萝卜 100 克，白芝麻 3 克

¤ 准备调料

椰子油 2 毫升，生抽 2 毫升，味啉 2 毫升，料酒 3 毫升，味噌 10 克

1 备料

将洗净的三文鱼肉对半切开，分成两片厚片；洗净的白萝卜切圆片，改切成丝，待用。

2 腌渍食材

三文鱼片装碗，倒入椰子油、白芝麻、味噌、料酒、味啉、生抽，拌匀，腌渍 10 分钟至入味。

3 煎三文鱼

平底锅加热放入腌好的三文鱼片，煎约 90 秒至底部转色，翻面，倒入少许腌渍汁，续煎约 1 分钟至三文鱼片六成熟，翻面，放入剩余腌渍汁，续煎 1 分钟至三文鱼熟透、入味，盛出装碗，一旁放入白萝卜丝即可。

017

美乃滋虾仁果蔬沙拉

♡ 准备材料

基围虾 120 克，圣女果 50 克，胡萝卜 50 克，吐司 1 片，洋葱 40 克，西生菜 60 克，白芝麻少许

♡ 准备调料

料酒 3 毫升，橄榄油适量，美乃滋酱适量，食用油适量

1 备料

将圣女果清洗干净，去蒂；将胡萝卜清洗干净，去皮，再切成薄条；将洋葱洗净，切成丝；吐司切块；将西生菜洗净、切丝；沸水锅中淋入料酒，倒入基围虾煮熟捞出，剥去壳。

2 油煎吐司块

热锅注入食用油烧热，倒入吐司块，小火煎至表面呈金黄色，盛出，待用。

3 拌匀食材

取一个干净的大碗，放入西生菜丝、圣女果、虾仁、胡萝卜条、吐司块、洋葱丝，淋入适量橄榄油，撒上白芝麻，拌均匀，挤上美乃滋酱，拌匀后装入备好的盘中，放上圣女果即可。

难易度：★★☆
烹调时间：22分钟

开胃菜｜一口一个，鲜香四溢

香菇鲜虾盏

扫一扫二维码
视频同步做美食

¤ 准备材料

鲜香菇 100 克，青椒 20 克，基围虾 220 克

¤ 准备调料

盐适量，白糖 3 克，胡椒粉 3 克，水淀粉适量，食用油适量

1 备料

洗净的香菇去柄；洗净的青椒切成圈，待用；基围虾去头，剥壳，挑去虾线，放入碗中，放入少许盐、胡椒粉、少许食用油，腌渍 10 分钟。

2 香菇焯水

炒锅注入适量清水煮沸，放入少许盐，搅拌均匀，再放入处理好的香菇，焯水，大火煮 2 分钟，将香菇捞起，待用。

3 蒸制、浇汁

将虾放入香菇中，放入电蒸锅，蒸 6 分钟取出。热锅注水烧开，放入盐、白糖、青椒圈，注入水淀粉、食用油，拌匀，浇在香菇上即可。

鲜虾番茄船

☒ 准备材料

番茄 120 克，基围虾 6 只，欧芹少许，西生菜少许，柠檬片少许

☒ 准备调料

奶油芝士适量，盐适量

1 备料

将洗净的番茄切瓣，去瓤，待用；洗净的欧芹切碎；锅中注水烧开，放入基围虾，加入适量盐，煮约 8 分钟至虾肉熟透，捞出后过冷水，将基围虾去头、去壳，但保留虾尾的壳，待用。

2 打发奶油芝士

将奶油芝士倒入大盆中，用电动搅拌器打至顺滑。

3 开始"造船"

在切好的形似船的番茄上抹上打好的奶油芝士，再放上处理好的基围虾，撒入欧芹碎。取一个盘子，放入西生菜和柠檬片装饰，将制作好的鲜虾摆入即可。

青柠檬北极贝

难易度：★★☆

烹调时间：5分钟

⌑ 准备材料

北极贝 30 克，青柠檬 40 克，生姜 40 克

⌑ 准备调料

白醋 20 毫升，日本酱油 5 毫升

1 备料

北极贝斜刀切开，去除里面的脏污，清洗干净，装盘；生姜削去表皮，切成丝；洗净的青柠檬对半切开。

2 浸泡姜丝

往备好的碗中倒入切好的姜丝，注入白醋，浸泡约 1 分钟，捞出，待用。

3 摆盘

备好一个盘，摆放上处理好的北极贝、姜丝、青柠檬，淋上日本酱油即可。

开胃菜｜简单，清新，一见终难忘

翡翠青口烤奶酪

难易度：★★★

烹调时间：33分钟

准备材料

青口 500 克，青椒 150 克，红彩椒 150 克，黄彩椒 150 克，芝士片 25 克

准备调料

黄油 50 克，香草碎少许，白胡椒粉少许，白葡萄酒 30 毫升

1 备料

青口解冻后放入盐水中洗净，贝肉朝下控干水分，装盘；将洗净的黄彩椒、红彩椒、青椒均切碎；芝士切碎；黄油装碗隔开水熔化，加入香草碎、白胡椒粉，拌匀。

2 青口上依次放食材

青口盘中倒入白葡萄酒和处理好的黄油，放上青椒碎、红彩椒碎、黄彩椒碎，再放入芝士碎。

3 入烤箱烤熟

将青口放入已预热的烤箱，以上、下火均为 190℃ 的温度，烤约 15 分钟，取出即可。

难易度：★★☆
烹调时间：15分钟

黄金扇贝

¤ **准备材料**
扇贝 8 个，洋葱 30 克，大蒜 2 瓣，奶酪丝 10 克

¤ **准备调料**
白葡萄酒 1/2 杯，盐 2 克，白胡椒粉 1 克

1 备料

将大蒜去除外衣，再切末；洋葱洗净，切末。

2 扇贝焯水

锅中注入适量清水，大火烧热水，放入准备好的扇贝，略煮一会儿，捞出，装碗。

3 烤扇贝

将扇贝放入碗中，先放上洋葱末，再放上蒜末，淋上白葡萄酒，撒上盐、白胡椒粉，再加少许奶酪丝。将扇贝置于已预热的烤箱中，以 200℃烤约 10 分钟即可。

029

准易度：★☆☆

烹调时间：6分钟

开胃菜 | 带你领略浓厚的希腊地域风情

经典地中海沙拉

☐ **准备材料**

黄瓜 120 克，圣女果 80 克，红彩椒 40 克，黄彩椒 40 克，洋葱 30 克，西生菜 25 克，鸡蛋 1 个

☐ **准备调料**

油醋汁适量

1 备料

将鸡蛋煮至熟，捞出过凉水，去壳后切四瓣；洗净的黄瓜切小圆片；洗净的圣女果切四瓣；洗净的黄彩椒、红彩椒切成条；将洗净的洋葱切成丝。

2 黄瓜围边

取一个干净的西餐盘，放上洗净的西生菜垫底，再放上黄瓜围边，放上红彩椒条、黄彩椒条、圣女果，摆好。

3 依次放入剩余食材

放上鸡蛋、洋葱丝，制成沙拉，淋上油醋汁即可。

难易度：★★★

烹调时间：13分钟

开胃菜｜趁热吃，拉丝的效果不一般

蒜香芝士焗口蘑

准备材料

口蘑 150 克，培根 30 克，马苏里拉奶酪适量，蒜适量，欧芹适量

准备调料

黑胡椒碎适量，盐适量，黄油适量，食用油适量

1 备料

将备好的口蘑洗净，去蒂；去皮的蒜捣成蒜泥；马苏里拉奶酪切成块；培根切成碎。

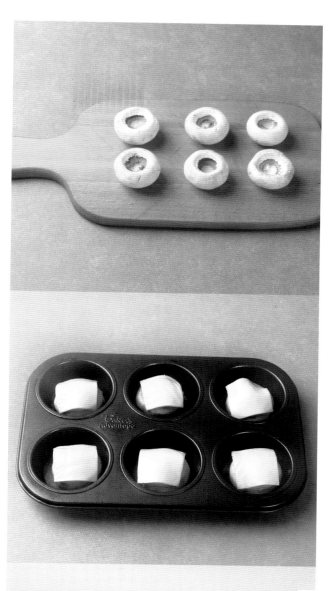

2 制作口蘑生坯

平底锅中放入黄油，放入口蘑，煎至变色后取出；锅中放入蒜泥、培根炒香，撒入盐、黑胡椒碎炒匀，盛出。烤盘刷油，放入口蘑，填入蒜泥培根，铺上奶酪块，制成口蘑生坯。

3 口蘑入烤箱

烤箱预热，将上、下火温度均调为180℃，放入口蘑生坯，烤制 10 分钟。取出烤好的口蘑，点缀上欧芹即可。

难易度：★☆☆

烹调时间：10分钟

开胃菜｜酸酸甜甜好滋味

醋香蔬菜

¤ **准备材料**

茄子 100 克，西葫芦 120 克，黄彩椒 50 克，红彩椒 50 克，迷迭香 5 克

¤ **准备调料**

盐 2 克，巴萨米可醋 15 毫升，橄榄油 30 毫升

1 切蔬菜

将茄子洗净，切成圆片；西葫芦洗净，切成圆片；红彩椒、黄彩椒分别洗净，切成菱形片。

2 调制油醋汁

玻璃碗中倒入巴萨米可醋和少许橄榄油，制成油醋汁。

3 煎蔬菜

锅中注油烧热，放入处理好的蔬菜，撒上盐，淋上油醋汁，煎至断生，盛盘，点缀上迷迭香即可。

难易度：★★★

烹调时间：120分钟

普罗旺斯炖菜

扫一扫二维码
视频同步做美食

¤ 准备材料

番茄 2 个,白洋葱 1 个,栉瓜 1 根,
茄子 1 根，红甜椒 1 个

¤ 准备调料

橄榄油 1 大勺，迷迭香适量，黑
胡椒适量，盐适量，月桂叶 1 片，
蒜 3 瓣，番茄红酱 1 大勺

1 备料

番茄顶部划十字，放入热水中煮沸，捞出放进冷水中；栉瓜、茄子洗净切薄片。茄子切片后放入盐水中；番茄去皮切块；红甜椒去籽切丝或圈；蒜切末；烤箱预热至180℃。

2 制作炖菜生坯

锅里热橄榄油，中小火炒香蒜末、白洋葱，放入月桂叶、番茄红酱及番茄块炒成糊状，加入盐及黑胡椒调味。把栉瓜片及茄子片交互堆叠，整齐地摆放在锅里的白洋葱番茄上，排好后再插入红甜椒圈，淋上橄榄油，撒上迷迭香，制成炖菜生坯。

3 烤炖菜生坯

加盖送入烤箱以180℃烤30分钟，再开盖以200℃烤30～40分钟至蔬菜软化及微焦即可。烤后先不要拿出，留置于烤箱里30分钟，取出以盐调味即完成。

难易度：★★☆

烹调时间：8分钟

开胃菜｜情怀源于对食材细节的把控

什锦蔬菜干酪吐司

☼ **准备材料**

吐司1片，茄子100克，黄瓜50克，西生菜30克，红彩椒30克，黄彩椒30克，干奶酪50克，圣女果50克，迷迭香适量

☼ **准备调料**

盐3克，橄榄油10毫升

1 切蔬菜

将洗净的黄瓜切成片；洗净的圣女果表皮划开；洗净的红彩椒、黄彩椒都切成条；洗净的茄子切成长片。

2 烤蔬菜

将茄子片、红彩椒条、黄彩椒条和圣女果撒上盐，刷上橄榄油，放入烤箱，烤软取出。

3 依次叠食材

吐司上放一片洗净的西生菜叶，再放上一片烤过的茄子，再放上烤好的黄彩椒条、干奶酪、烤好的红彩椒条、切好的黄瓜片叠好，最后放上烤过的圣女果，移至盘中，撒上迷迭香即可。

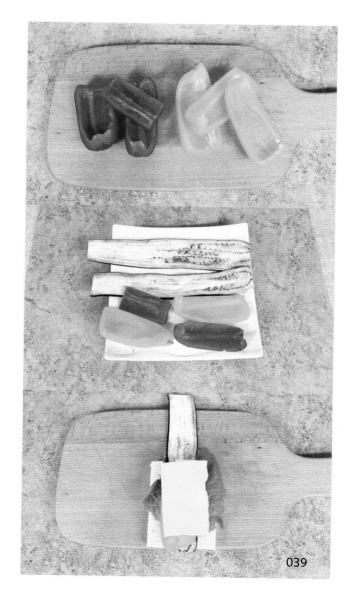

039

难易度：★★☆
烹调时间：20分钟

开胃菜｜有点甜有点咸，每一口都好满足

火腿薯泥

¤ 准备材料

土豆 170 克，火腿片 40 克，莳
萝少许

¤ 准备调料

盐 3 克

1 备料

土豆洗净去皮，切丁待用；将备好的火腿片对半切开，再切碎，入锅炒熟，盛出待用。

2 煮土豆丁

炒锅注水烧热，倒入土豆丁，加入盐拌匀，转小火煮 15 分钟，捞出煮好的土豆丁，沥干水分，装入碗中。

3 搅拌成泥

边搅拌边将土豆丁压碎，撒上炒好的火腿碎和莳萝即可。

奶油鸡肉酥盒

难易度：★★★

烹调时间：45分钟

☼ 准备材料

熟鸡肉 100 克，胡萝卜 20 克，玉米粒 10 克，口蘑 60 克，面粉 50 克，鸡汤 400 毫升，酥皮适量，蛋液适量

☼ 准备调料

盐 3 克，胡椒粉 3 克，淡奶油 20 克，黄油 50 克

1 备料

熟鸡肉切成小粒；洗净的胡萝卜切丁；洗净的口蘑切块；用模具将酥皮印出 8 个直径为 7 厘米的大圆片，再把中间印出直径为 3 厘米的小圆片，圆圈为盒壁，小圆片为盒盖，再用模具印出 2 个直径为 7 厘米的圆片，为盒底，待用。在盒底上刷层蛋液，把盒壁叠在大圆片上，也刷层蛋液，中间戳几个小孔，再重复此动作 3 次，制成酥盒坯，用锡纸卷成圈状放在圆孔中间，把盒盖也刷上蛋液。

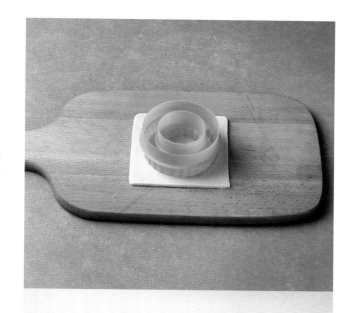

2 制作酥盒

将小圆片放入预热好的烤箱，以上、下火均为 180℃ 的温度烤约 10 分钟，直至呈金黄色，取出待用；再放入酥盒整体部分，以上、下火均为 180℃ 的温度烤约 25 分钟，取出，制成酥盒，待用。

3 制作填料

鸡汤倒入炒锅中烧开后，放入胡萝卜丁、玉米粒，煮至熟软，倒入鸡肉粒、口蘑块和面粉，搅拌至浓稠，加少许淡奶油、黄油，拌匀关火，放入盐和胡椒粉调味，做成馅料。往酥盒中填充馅料，盖上盒盖即可。

难易度：★ ★ ☆

烹调时间：15分钟

开胃菜｜丝毫不逊色于烤肉串

蔬菜烤串

¤ **准备材料**

口蘑 6 颗，鸡肉 250 克，洋葱、青椒、红椒各 100 克

¤ **准备调料**

辣椒粉 10 克，盐、胡椒粉各少许

1 准备食材

将洗净的口蘑对半切开；鸡肉切小块，加辣椒粉拌匀；洗净的洋葱、青椒、红椒均切小块。将青椒块、红椒块、洋葱块、口蘑装入碗中，加入盐、胡椒粉，拌匀，腌渍一会儿。

2 将食材串起来

将腌渍好的蔬菜与鸡肉自由组合串成串，放入铺有锡箔纸的烤盘中，制成蔬菜串。

3 烤熟食材

将蔬菜串放入烤箱中，以上、下火180℃烤约 10 分钟即可。

CHAPTER
— 03 —

西式靓汤，复苏食客味蕾

西餐中的精品，
不只是大众所熟悉的牛排、沙拉、比萨，
更有风味独特的靓汤。
这些汤，色彩鲜明，风味独特。
让这些汤来告诉你，
精致，是一种享受。

难易度：★ ☆ ☆

烹调时间：10分钟

西式靓汤 | 法式风情，举手投足尽显浪漫

土豆汤配法国面包

¤ **准备材料**

去皮土豆 100 克，欧芹少许，蕃茜少许，法棍适量

¤ **准备调料**

盐 3 克

1 备料

将洗净的去皮土豆切成小丁；洗净的欧芹切碎，待用。

2 煮土豆

炒锅中注入少许清水，放入土豆丁，煮一会儿，加入盐，煮至土豆丁熟软，捞出装碗。

3 组合

将碗中的土豆丁按压成泥，倒入欧芹碎，再搅拌均匀，在切好的法棍上均匀涂一层土豆泥。将剩余土豆泥倒入奶锅中，加水煮沸，盛出，放上蕃茜，旁边摆上法棍即可。

西式靓汤 | 清新爽口，不冷，但是很酷

豌豆牛油果冷汤

☼ 准备材料

豌豆 50 克，牛油果 1 个，牛奶 30 毫升，罗勒叶少许

☼ 准备调料

盐适量，白糖适量，黑胡椒碎适量

1 备料

将牛油果去皮、核，切成块，待用；将豌豆放入沸水锅中，加入少许盐，煮熟，捞出放凉待用。

2 做冷汤

取榨汁机，倒入豌豆、牛油果块、罗勒叶，倒入牛奶、白糖，加入适量清水，启动榨汁机，将食材打成冷汤。

3 撒上调料

盛出冷汤，撒上适量盐、黑胡椒碎，用汤勺搅拌均匀后即可食用。

西式靓汤 ｜ 滴滴香浓的汤，意犹未尽的菜

奶油炖菜汤

扫一扫二维码
视频同步做美食

¤ 准备材料

去皮胡萝卜 80 克，春笋 100 克，
口蘑 50 克，去皮土豆 150 克，
西蓝花 100 克，奶油 5 克

¤ 准备调料

黄油 5 克，面粉 35 克，黑胡椒
粉 1 克，料酒 5 毫升，盐适量

1 备料

洗净的口蘑去柄；洗好的胡萝卜、春笋、
土豆均切滚刀块；洗好的西蓝花切小朵。
平底锅中注水烧开，倒入春笋块，加入
料酒拌匀，焯约 2 分钟至去除其苦涩味，
捞出待用。

2 煮食材

另起锅，倒入黄油，拌匀至熔化，加入
面粉拌匀。注入 800 毫升左右的清水，
烧热，倒入焯好的春笋块、胡萝卜块、
口蘑块、土豆块，拌匀，加盖，用中火
炖约 15 分钟至食材熟透，揭盖，放入
西蓝花。

3 调味

加入盐、奶油，充分拌匀，加入黑胡椒
粉，拌匀，关火后盛出煮好的炖菜，装
盘即可。

难易度：★★☆
烹调时间：25分钟

西式靓汤｜酸酸爽爽好开胃

酸黄瓜汤

♡ 准备材料

酸黄瓜 100 克，土豆 120 克，胡萝卜 50 克，洋葱 50 克，意式火腿 50 克

♡ 准备调料

香叶适量，盐适量，黄油适量

1 切食材

酸黄瓜洗净切成丁；土豆洗净去皮，切成丁；胡萝卜洗净切成丁；洋葱洗净切成丁；意式火腿切成丁。

2 炒食材

取适量黄油入锅加热至熔化，放入香叶、洋葱丁，炒出香味，倒入意式火腿丁，翻炒均匀。

3 调味

加入适量清水，放入酸黄瓜丁、土豆丁、胡萝卜丁，大火烧至开锅后转小火慢炖至全部食材熟透，调入适量盐，盛出即可。

难易度：★★☆
烹调时间：42分钟

西班牙番茄冻汤

¤ 准备材料

土豆 150 克，番茄 100 克，板栗 50 克，玉米粒 120 克，牛奶 50 毫升，黄瓜丁适量，黄彩椒丁适量，芦笋丁适量

¤ 准备调料

白糖 2 克，鸡粉 2 克，盐少许，橄榄油适量

1 切食材

将洗净去皮的土豆对切开，再切成片；洗净的番茄大部分切成瓣儿，留小部分切成丁；处理好的板栗切成片。

2 煮板栗、土豆

奶锅中倒入橄榄油烧热，倒入板栗片、土豆片，翻炒片刻，注入水，搅拌均匀，用小火煮 15 分钟，将煮好的食材盛入碗中，待用。备好榨汁机，倒入板栗、土豆片，盖上盖子，调转旋钮至 1 挡，将食材打碎，揭开盖子，将板栗、土豆片倒入碗中。

3 将所有食材打成泥

将打碎的板栗、土豆片倒入奶锅中，注水煮沸，倒入玉米粒，略煮一会儿，再转小火煮 15 分钟，再倒入番茄瓣，用小火续煮 3 分钟，调入盐、白糖、鸡粉、牛奶。将汤盛出装入榨汁机中，搅打成泥，装碗，放上黄瓜丁、黄彩椒丁、番茄丁、芦笋丁即可。

难易度：★★☆
烹调时间：19分钟

西式靓汤｜来盛情款待欧洲之友

罗宋汤

¤ 准备材料

洋葱 40 克，土豆 40 克，番茄 40 克，胡萝卜 40 克，圆白菜 40 克，牛肉 80 克，姜片少许，蒜末少许，欧芹少许，红椒块少许

¤ 准备调料

高汤适量，盐 2 克，胡椒粉 3 克，鸡粉 3 克，芝麻油适量，食用油适量，番茄酱适量

1 备料

将洗净的洋葱、土豆、番茄、胡萝卜、圆白菜、牛肉均切成丁。炒锅中注水烧开，放入牛肉丁，煮至变色，捞出牛肉丁，过冷水，待用。

2 煮食材

炒锅注油烧热，放入姜片、蒜末爆香，倒入氽过水的牛肉丁炒香，放入番茄丁，炒匀炒香，加入备好的高汤，倒入胡萝卜丁、洋葱丁、圆白菜丁、土豆丁，搅拌均匀。

3 调味

用大火煮约 15 分钟至食材熟软。加盐、鸡粉、胡椒粉、芝麻油、番茄酱调味，拌煮片刻至汤汁入味，盛出煮好的汤料，装入碗中，撒上红椒块、欧芹即可。

意式蔬菜汤

难易度：★★★

烹调时间：34分钟

☐ **准备材料**

土豆 150 克，胡萝卜 150 克，黄彩椒 100 克，红彩椒 100 克，洋葱 50 克，番茄 50 克，四季豆 80 克，罐装眉豆 60 克，西芹 30 克，蔬菜高汤 500 毫升，蒜末少许，烤法棍 1 片，薄荷叶少许

☐ **准备调料**

番茄酱 30 克，白胡椒粉 5 克，盐适量，橄榄油适量

1 切食材

将土豆洗净，去皮切丁；胡萝卜洗净，去皮切片；黄彩椒、红彩椒均洗净，去籽切丁；洋葱洗净切块；番茄洗净切丁；西芹洗净切小段；四季豆洗净切小段。

2 炒熟食材

炒锅中倒入橄榄油烧热，下入洋葱块、西芹段、蒜末爆香，倒入土豆丁、胡萝卜片、黄彩椒丁、红彩椒丁，再倒入番茄丁、四季豆，翻炒至熟。

3 调味

倒入蔬菜高汤煮沸，放入番茄酱拌匀，再用小火煮 25 分钟，加盐搅拌均匀，撒入白胡椒粉，倒入罐装眉豆，续煮一会儿，盛出装碗，放上洗净的薄荷叶，摆上烤法棍即可。

北欧式三文鱼汤

准易度：★ ★ ☆ ☆

烹调时间：7分钟

⌀ **准备材料**

土豆丁 80 克，三文鱼块 70 克，洋葱丁 20 克，欧芹碎 15 克，柠檬片 15 克，迷迭香 10 克，罗勒碎 10 克，西蓝花 50 克

⌀ **准备调料**

盐 2 克，黑胡椒粉 2 克，鸡汁 5 克，橄榄油适量，淡奶油 35 克

1 处理食材

土豆丁、三文鱼块、洋葱丁分别洗净，待用；西蓝花洗净，切小朵；欧芹叶撕碎。

2 将食材煮熟

平底锅置火上，淋入橄榄油，烧热，放入洋葱丁、土豆丁、西蓝花，炒匀，注水煮约 1 分钟，放入罗勒碎、迷迭香、欧芹碎、柠檬片，搅拌片刻至酸味析出，放入三文鱼块，搅匀，煮至熟。

3 调味

加入黑胡椒粉、盐，倒入鸡汁，搅匀调味，倒入淡奶油，搅匀，再煮 1 分钟至汤味浓郁，盛出汤，装碗即可。

难易度：★★☆
烹调时间：48分钟

法式鲜虾浓汤

准备材料

鲜虾8只，面粉适量，去皮胡萝卜50克，洋葱50克，番茄1个，鲜奶油20克，柠檬片1片，欧芹少许

准备调料

朗姆酒适量，百里香适量，白胡椒粉4克，盐3克，黄油适量

1 食材初处理

鲜虾剥去虾头和虾壳，用牙签去掉虾线，虾头、虾壳不要丢弃，备用；洗净的洋葱切成丁；洗净的番茄去蒂，改切成丁；洗净的欧芹切丁；去皮胡萝卜洗净切片；百里香切碎。

2 制作打底虾汤

奶锅放入黄油加热至熔化，倒入虾头、虾壳，中火翻炒出香味。再加洋葱丁、番茄丁、胡萝卜片和欧芹丁，翻炒 1 分钟。注入适量的开水，烧开后小火焖30 分钟，放 1 片柠檬，搅拌几下，加少许盐调味，拌匀即可取出待用。

3 调味

另起一炒锅，放入面粉，接着放入凉水，调成不黏稠的浆，将虾汤通过滤网倒入锅中，充分和浆混合，小火煮 5 分钟，直到面糊全熟呈黏稠状。倒入奶油充分拌匀，加入盐、朗姆酒、白胡椒粉，充分拌匀，加入鲜虾肉，焖 1 分钟。将煮好的虾仁捞出，横刀切开，摆放在盘中，淋上虾汤，周围撒上百里香碎即可。

难易度：★★☆
烹调时间：77分钟

西式靓汤｜肉鲜汤醇，令人垂涎三尺

龙虾汤

扫一扫二维码
视频同步做美食

¤ 准备材料

澳洲龙虾 1 只，去皮胡萝卜 70 克，西芹 60 克，洋葱 60 克，口蘑 20 克，淡奶油 30 克，罗勒碎 10 克，牛奶 60 毫升

¤ 准备调料

盐 1 克，鸡粉 1 克，黄油 20 克，白兰地酒 5 毫升，水淀粉 10 毫升，太白思高辣椒汁 5 毫升，橄榄油少许

1 食材初处理

洗净的西芹取一半斜刀切块，剩余一半切丁；洗净的口蘑切片；分别取洗净的胡萝卜、洋葱一半切成丝，再将剩余一半切丁，待用；处理干净的龙虾取出龙虾肉，将龙虾身、龙虾头切块。

2 制作打底虾汤

平底锅置火上放黄油，加热至熔化，放入西芹块、胡萝卜丝和洋葱丝，炒至断生。放入切好的龙虾身和龙虾头，翻炒约 1 分钟至变色，淋入白兰地酒，炒香。注入适量清水，大火煮开后转小火续煮 1 小时至汤味香浓，盛出虾汤装碗待用。

3 调味

另起锅，倒入橄榄油烧热，放入胡萝卜丁、西芹丁、洋葱丁、口蘑片，翻炒数下，倒入罗勒碎炒香，放入龙虾肉，翻炒半分钟至变色。倒入虾汤搅匀，煮约 2 分钟至入味，加入水淀粉，搅至汤汁微稠，加入太白思高辣椒汁，放入盐、鸡粉，搅匀调味，倒入牛奶搅匀，放入淡奶油，搅至汤汁变白即可。

067

难易度：★★☆
烹调时间：15分钟

花甲椰子油汤

¤ **准备材料**

花甲 300 克，洋葱 150 克，去皮胡萝卜 120 克，去皮土豆 150克，豆浆 200 毫升，芝士 15 克

¤ **准备调料**

盐、胡椒粉各 2 克，椰子油 3 毫升

1 食材初处理

洗净的洋葱去顶部、根部，切块；洗净的胡萝卜切丁；洗净的土豆对半切丁。将土豆丁煮至微软，捞出；花甲煮至开口，捞出，煮过花甲的水装碗待用。

2 制作打底汤汁

炒锅置火上，倒入椰子油，烧热，放入洋葱块、胡萝卜丁、部分土豆丁，翻炒数下，倒入煮过花甲的水，搅匀，稍煮片刻至沸腾，倒入豆浆，煮约 5 分钟至食材熟软，舀出适量汤汁，待用。

3 调味

将剩余土豆丁放入榨汁杯中，倒入汤汁。榨汁杯盖上盖，安在榨汁机上，榨约 30 秒成土豆浓汤，将榨好的土豆浓汤倒入锅中，搅匀，稍煮片刻，放入芝士，搅匀至溶化，放入开口的花甲，搅匀，稍煮片刻，加入盐、胡椒粉搅匀调味即可。

CHAPTER
— 04 —

亮眼主菜，追求精致美味

在西餐厅里，最令人十指大动的，莫过于主菜。
它多取材自肉类与海鲜，
搭配着精心烹调出来的调味汁，
无一不令人在满足之余，留下深刻的印象。
美食的诱惑早已不仅仅停留在味觉上，
西餐中的主菜更加追求精致摆盘和鲜美滋味的完美结合，
将美食与艺术完美融合，
令盘中美食变成一次美好的回忆。

米其林三星牛排

¤ **准备材料**

牛排 1 块

¤ **准备调料**

盐 3 克，黑胡椒 8 克，橄榄油
10 毫升

1 烤牛排

洗净的牛排两面撒上盐、黑胡椒，并抹
上橄榄油静置 5 分钟；烤箱以 200℃
预热。

2 煎制牛排

将牛排放入烧热的铸铁锅中，牛排两面
各煎 60 秒，牛排周围各煎 10 秒以锁
住肉汁。

3 反复烤牛排

再将铸铁锅放入烤箱中，以 200℃烤 5
分钟即五分熟，烤 7 分钟即七分熟。

073

香煎牛排

☐ 准备材料

牛里脊肉 300 克，松子仁碎 25 克，蒜末 8 克

☐ 准备调料

盐 3 克，白糖 2 克，酱油 5 毫升，胡椒粉 3 克，清酒 2 毫升，橄榄油 20 毫升

1 处理牛里脊肉

将洗净的牛里脊肉切成均匀的两大块，放入凉水中浸泡，去除血水，捞出沥干，打上网格花刀。

2 腌渍牛肉

将牛肉块放入碗中，调入少许酱油、盐、白糖、清酒搅拌均匀，再放入胡椒粉、蒜末、橄榄油，腌渍入味。

3 煎制装盘

锅中注油烧热，放入牛肉块煎片刻，翻面，继续煎一会儿至牛肉呈微黄色，取出，撒上松子仁碎，食用时搭配适量的时蔬即可。

扫一扫二维码
视频同步做美食

主菜 | 各种调味料侵入韧劲刚好的牛腩，好味道！

难易度：★★★
烹调时间：135分钟

烩牛腩

¤ 准备材料

牛腩肉 750 克，去皮番茄罐头 1
罐，白洋葱 1 颗，蘑菇 5 朵，高
汤适量，蒜 4 瓣，红尖椒适量，
胡萝卜 2 根

¤ 准备调料

香叶 1 片，红糖 1 茶匙，面粉 1
汤匙，八角 1 颗，肉桂 1 根，海盐、
黑胡椒、橄榄油各适量，盐适量

1 牛腩肉沥水

洗净的牛腩肉切大块，在两面撒上海盐和黑胡椒，静置 15 分钟后沥干水分；分别将洗净的白洋葱切丝，蘑菇切厚片，胡萝卜切滚刀块。锅内倒入橄榄油烧热，倒入蒜头炒出香味，放入白洋葱丝翻炒至出现焦糖色。

2 炒牛腩

放入牛腩肉块翻炒至略带焦糖色，再放入红糖，撒入面粉，翻炒至半透明均匀裹覆牛肉，放入蘑菇片翻炒约 3 分钟后，加入去皮番茄罐头炒匀。

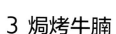

3 焗烤牛腩

加入香叶、八角、肉桂，翻炒至番茄熟透，倒入高汤至差 1 厘米没过肉块，加入盐调味，放入胡萝卜块、红尖椒，盖上盖，用烤盘托起放入烤箱，以上、下火 140℃烘烤约 2 小时即可。

主菜｜红酒醉人，牛肉大补

红酒炖牛肉

扫一扫二维码

视频同步做美食

¤ 准备材料

牛腱 400 克，番茄块、洋葱块、土豆块、胡萝卜块、西芹块各 80 克，蘑菇 10 个，红酒 400 毫升，蒜末少许，高汤适量

¤ 准备调料

番茄酱 1 大勺，百里香、黑胡椒、面粉、盐各适量，橄榄油 20 毫升

1 处理牛肉、蘑菇

牛腱洗净去膜整理后，擦干切大块，再将两面拍上面粉；蘑菇洗净切厚片。

2 焗烤牛肉

锅中加入橄榄油，将洋葱块炒软，加入胡萝卜块、西芹块、蒜末、番茄酱、番茄块，炒 2 分钟，再放入牛腱块，放入烤箱烤 5 分钟，取出，加入红酒、高汤、百里香、黑胡椒、土豆块煮沸。

3 放入蘑菇焗烤

送回烤箱以 150℃烤 2 小时。烤 1 小时后放入蘑菇拌匀，烤完后取出再以盐调味即可。

主菜｜大口吃肉，小小情调

黑椒羊排

¤ **准备材料**

羊排 300 克，蒜末 5 克，洋葱碎 8 克

¤ **准备调料**

橄榄油适量，蒙特利羊排料 5 克，黑胡椒 2 克

难易度：★★★

烹调时间：75分钟

1 腌渍羊排

取一个大碗，放入洗净的羊排、蒜末、洋葱碎，再加入蒙特利羊排料、黑胡椒、橄榄油，抓匀，腌渍 1 小时。

2 煎制羊排

平底锅加热，注入橄榄油烧热，放入腌渍好的羊排，煎出香味后将其翻面，将两面煎成金黄色。

3 装饰菜品

继续煎制片刻，至羊排入味，关火，取一个盘子，用任意蔬菜装饰，将煎好的羊排盛入即可。

难易度：★★★

烹调时间：20分钟

黑椒汁煎羊腿片

¤ 准备材料

羊小腿片 500 克，红彩椒 70 克，黄彩椒 70 克，芦笋 60 克，洋葱 70 克，姜 20 克，香菜少许

¤ 准备调料

盐 6 克，生抽 10 毫升，红酒 10 毫升，橄榄油 15 毫升，食用油适量，黑椒汁 30 毫升

1 处理食材

洗净的洋葱、姜切丝，洗净的黄彩椒、红彩椒均去蒂、去籽，切丁。取一只大碗，倒入羊小腿片、洋葱丝、姜丝、香菜，搅拌均匀，再加入盐、生抽、红酒、橄榄油，拌匀，封上保鲜膜，腌渍 10 分钟。

2 食材汆水

锅中倒水煮沸，倒入芦笋汆水，煮 2 分钟，捞出。倒入红彩椒丁、黄彩椒丁，焯熟，捞出。焯过水的食材中加入盐和橄榄油，拌匀待用。

3 煎制羊小腿片

热锅中倒油烧热，放入羊小腿片，以中小火煎 3 分钟，翻面再煎 3 分钟，至两面焦黄，盛出装盘，黑椒汁浇到羊小腿片上，再放入蔬菜即可。

083

主菜｜孜然味的羊小腿，充满法式的味道！

孜然法式羊小腿

扫一扫二维码
视频同步做美食

¤ **准备材料**

羊小腿 1000 克，香菜 2 克，蒜 12 克，姜 12 克，葱 3 克，香脆椒 17 克，草果 2 个，八角 3 个，小茴香 3 克，肉豆蔻 7 克，花椒 3 克

¤ **准备调料**

生粉 100 克，孜然粉 10 克，盐 3 克，生抽 3 毫升，料酒适量，食用油适量

1 处理食材

备好的姜修齐去皮，切片；洗净的葱捆成卷，待用；洗净的香菜去根；将蒜剁成蒜末，待用。锅中注水烧热，放入花椒、小茴香、草果、肉豆蔻、八角、姜片、葱卷，倒入料酒、1 克盐。

2 炸羊小腿

放入羊小腿，搅动一会儿，盖上锅盖，煮 20 分钟，煮好后将羊小腿捞起备用。将羊小腿淋上生抽，使生抽覆盖均匀，撒上生粉，热锅注油烧热，放入羊小腿油炸 3 分钟。

3 炒羊小腿

待羊小腿炸至金黄色，捞起备用。另起锅注油，放入蒜末，爆香，再放入孜然粉、香脆椒，炒出香味，放入羊小腿、2 克盐，翻炒均匀，将羊小腿捞起，用锡纸卷好羊骨，放入盛有香菜的盘中，撒上香脆椒即可。

瑞典肉丸

扫一扫二维码
视频同步做美食

¤ 准备材料

猪肉末 200 克，牛肉末 100 克，芹菜 30 克，胡萝卜 140 克，菜花 40 克，洋葱碎 20 克，鸡蛋 1 个，芝士适量，面包糠适量

¤ 准备调料

盐 3 克，鸡粉 2 克，黑胡椒适量，橄榄油适量，食用油适量，水淀粉适量

难易度：★★★

烹调时间：25分钟

1 处理食材

将洗好的西芹切粒；洗净去皮的胡萝卜切片，改切丝，再改切粒。榨汁机中倒入猪肉末、牛肉末，再倒入部分胡萝卜粒、洋葱碎、芹菜粒和适量面包糠，加入 1 克盐、1 克鸡粉，再加入黑胡椒、水淀粉，打入鸡蛋，淋入橄榄油，搅拌均匀。

2 炸肉丸

把搅拌均匀的食材倒入碗中，用手的虎口将其逐一捏制成肉丸，待用。热锅注入足量的食用油烧热，放入肉丸，炸至两面焦黄，将炸好的肉丸盛出装入盘中。

3 炒肉丸

锅中注入橄榄油烧热，倒入剩余的洋葱碎、胡萝卜粒、芹菜粒，炒香，放入备好的菜花，注入少许清水，加入 2 克盐、1 克鸡粉，翻炒调味，将芝士倒入，倒入炸好的肉丸，翻炒均匀，关火，将肉丸盛出装入盘中即可。

扫一扫二维码
视频同步做美食

主菜｜黄油香浓，蒜香迷人

锅烤蒜香黄油鸡

难易度：★★☆
烹调时间：40分钟

¤ 准备材料

全鸡 1 只，白洋葱 2 个，蒜 6 瓣，黄油 30 克

¤ 准备调料

盐、研磨黑胡椒各适量

1 处理鸡

将洗净的全鸡用厨房纸内外吸干，往鸡身均匀撒盐，鸡身内涂抹适量盐，抹匀后，用保鲜膜包裹冷藏 4 小时或隔夜。

2 烤鸡

烤箱调至上、下火 200℃，预热；大蒜切碎，再与黄油混合搅拌；白洋葱切成 4 块。冷冻好的鸡身表面均匀涂抹蒜泥黄油酱。

3 加入调料再焗烤

最后撒上研磨黑胡椒，把白洋葱块填入鸡身内，鸡翅尖折向背部，将处理好的整鸡放入锅内，鸡胸向上，盖上锅盖送入烤箱，烘烤 30 分钟。

脆皮烤鸡

¤ **准备材料**

全鸡1只，白洋葱1大颗，柠檬1颗，蜂蜜1大勺，香芹1根，大蒜2瓣

¤ **准备调料**

黄油3大勺，盐1/2小勺，黑胡椒适量

难易度：★ ★ ★
烹调时间：60分钟

1 食材塞入鸡腹

把洗净切碎的大蒜、香芹加入黄油搅拌均匀，制成香料黄油；白洋葱一半切丝一半切大块备用；滚压柠檬，并用叉子在柠檬的表面扎洞。然后把白洋葱块和柠檬塞入鸡腹。

2 烤鸡

烤箱预热220℃，整鸡放进烤箱烤40分钟。烘焙纸以十字型摆放，平铺在铸铁锅中，在铸铁锅中铺上一层白洋葱丝，摆上整鸡。

3 加入调料

鸡腿用细绳绑起，撒上黑胡椒、盐，并按摩鸡肉。将烤好的鸡取出，将蜂蜜涂抹在鸡皮表面，把部分的香料、黄油涂抹在鸡皮和鸡肉之间，剩余的涂在鸡皮表面，用烘焙纸仔细地把整鸡密封起来。

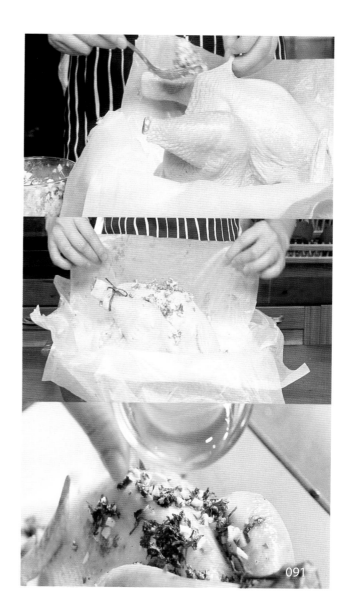

难易度：★★☆
烹调时间：23分钟

主菜｜汁多味美，营养健康

多蔬南瓜酱焗鸡肉

☼ 准备材料

鸡肉 150 克，南瓜 100 克，红椒、黄椒、圣女果、洋葱、口蘑、秋葵各 30 克，牛奶 100 毫升，芝士丝少许

☼ 准备调料

盐、黑胡椒粉各少许

1 处理食材

洗净的红椒、黄椒、洋葱切小块；洗净的口蘑、南瓜均切片；洗净的秋葵切小段；洗净的圣女果对半切开。

2 将食材放入烤盘

将南瓜片蒸熟，加牛奶、盐、黑胡椒粉打成汁；另起一锅加水烧开，将秋葵段、口蘑片、鸡肉焯水。将所有处理好的食材放入烤盘，淋上南瓜汁。

3 焗烤

最后铺上芝士丝，将烤盘放入烤箱中，以 200℃ 烤约 10 分钟即可。

难易度：★★☆
烹调时间：15分钟

主菜 | 香喷喷，好滋味

薄切鸡扒

✿ 准备材料

鸡胸肉 220 克，吐司 2 片，西生菜叶适量，芝士片适量，香葱 1 根

✿ 准备调料

盐 2 克，黑胡椒碎适量，料酒适量，生抽适量，食用油适量

1 腌渍鸡胸肉

将备好的鸡胸肉修理好边角，切成薄片装入碗中，放入盐、料酒、生抽，腌渍一会儿。

2 煎制鸡胸肉

炒锅中注入食用油烧热，放入腌渍好的鸡胸肉，煎至熟透，盛出，待用。

3 装饰

砧板上放上吐司片及一片西生菜叶，再放上煎好的鸡胸肉，撒上芝士片、黑胡椒碎，放上香葱作装饰即可。

主菜 | 黄油浓郁，鸡排香

香煎黄油鸡排

难易度：★★★

烹调时间：135分钟

♡ 准备材料

鸡胸肉 250 克，面粉 20 克，意大利芹 15 克

♡ 准备调料

黑胡椒粉 3 克，盐 3 克，鸡粉 3 克，白葡萄酒 30 毫升，橄榄油适量，黄油适量

1 腌渍鸡胸肉

洗净的鸡胸肉横刀切厚片；洗净的意大利芹切碎。取一只碗，倒入鸡胸肉片、意大利芹碎，加入黑胡椒粉、盐、鸡粉、橄榄油拌匀，淋上白葡萄酒，充分拌匀，腌渍 2 小时。

2 煎制鸡胸肉

平底锅加热，放入黄油，加热熔化，放入腌渍好的鸡胸肉，撒上面粉，将鸡胸肉煎至两面焦黄色。

3 摆盘

把煎好的鸡胸肉盛出，装入盘中，用任意蔬菜点缀即可。

难易度：★★★☆☆

烹调时间：135分钟

主菜｜酸酸甜甜好滋味

香草鸭胸

☼ 准备材料

鸭胸肉 280 克，洋葱丝 10 克，蒜末适量，胡萝卜片 20 克，胡萝卜丝少许，西芹丝 30 克，迷迭香适量，香叶 2 片，蒜末适量，毛葱碎适量，西蓝花适量，圣女果适量

☼ 准备调料

盐 2 克，鸡粉 2 克，黑胡椒 2 克，生抽 4 毫升，橄榄油适量，香草汁适量，生粉适量，白兰地适量，红酒适量，食用油适量

1 炒酱汁

热油锅，放入洋葱丝、胡萝卜丝、西芹丝、蒜末、毛葱碎，再加入迷迭香、香叶，放入盐、鸡粉、黑胡椒、生粉，淋入适量白兰地、红酒、生抽，再注入适量清水，翻炒均匀，盛入碗中。

2 腌渍鸭胸肉

碗中放入处理好的鸭胸肉，用手抓匀，腌渍 2 小时。平底锅加热，倒入适量橄榄油烧热，放入鸭胸肉，煎出香味，将鸭肉翻面，两面煎至焦糖色，盛出，装入盘中。

3 装饰菜品

将鸭胸肉切成均匀的片状。取一个大盘子，放入备好的西蓝花、切好的圣女果、胡萝卜片，做上装饰，放入切好的鸭胸肉，淋上香草汁即可。

法式焗蜗牛

¤ **准备材料**

罐头蜗牛6颗,蒜适量,欧芹适量,
洋葱适量

¤ **准备调料**

黄油50克，盐适量，黑胡椒粉
适量，干白葡萄酒适量

1 制作黄油料

洗净的洋葱切碎、蒜切末、欧芹切碎，黄油室温放至软化。将切好的蒜末、欧芹碎、洋葱碎倒入一部分黄油中，再加入黑胡椒粉、盐、干白葡萄酒，搅拌均匀，做成黄油料。

2 蜗牛盘中塞入黄油料

把混好的黄油料分成两份，一份放在蜗牛盘里，一份塞入蜗牛肉，再用剩余的黄油封住蜗牛盘。

3 焗烤蜗牛

放入烤箱里烤 6 分钟，至黄油冒泡，取出即可。

主菜｜香浓而不腻，吃了停不下来！

柠香烤鱼

¤ 准备材料

柠檬 1 个，大眼鱼 1 条，黄彩椒、红彩椒、洋葱各 50 克，新鲜迷迭香 10 克，蒜片、姜片各 10 克

¤ 准备调料

盐 5 克，白兰地 30 毫升，橄榄油适量，橙汁 50 毫升，食用油适量

1 处理食材

洗净的黄彩椒、红彩椒、洋葱分别切丝；柠檬切片；去除大眼鱼的鳞片、内脏，用水冲洗干净，擦干水分后，抹上少许盐。

2 腌渍鱼

将姜片、迷迭香塞入鱼肚里，腌渍 20 分钟至入味。铸铁锅中刷上一层油后，再铺入切好的黄彩椒丝、红彩椒丝、洋葱丝、蒜片、迷迭香，再将腌渍好的鱼放入锅中。

3 烤鱼

放上柠檬片，表面淋上一层橄榄油，倒入白兰地，再淋上适量橙汁，最后将锅放入已预热的烤箱中层，以上、下火 200℃ 烤约 25 分钟即可。

主菜 | 烤过的三文鱼，特别的风味！

香烤三文鱼

☼ 准备材料

三文鱼 300 克，迷迭香碎适量

☼ 准备调料

盐 2 克，黑胡椒碎 3 克，辣椒粉 8 克，牛至叶 3 克，食用油 15 毫升

1 处理三文鱼

三文鱼洗净，依次撒上盐、黑胡椒碎、迷迭香碎、牛至叶、辣椒粉抹匀，静置 1 小时。

2 煎制三文鱼

煎锅中倒入食用油，烧至四成热时，放入三文鱼，微煎以锁住水分。将煎好的三文鱼放入铺有锡纸的烤盘中，表面刷上食用油。

3 焗烤三文鱼

将烤盘放入烤箱中层，以上、下火 180℃烤 10 分钟即可。

难易度：★★★

烹调时间：20分钟

芝麻鲑鱼黄瓜冷面

⊏ 准备材料

白萝卜60克，胡萝卜60克，黄瓜75克，鲑鱼120克，柠檬皮2克，橙子皮1克，薄荷叶1克，白芝麻20克，黑芝麻20克

⊏ 准备调料

酸奶70毫升，柠檬汁30毫升，盐4克，白糖4克，黄油4克，黑胡椒碎1克，食用油适量

1 处理食材

洗净的白萝卜用挖球器挖出球状，胡萝卜用挖球器挖出球状，橙子皮、柠檬皮擦成屑，黄瓜刮成长条；碗中倒入柠檬汁，将薄荷叶卷起来切碎，放入碗中搅拌均匀；盘里放入白芝麻和黑芝麻，将鲑鱼裹上芝麻。

2 焖萝卜球

将萝卜球放入锅中，注入清水少许，加入 2 克盐、白糖、黄油，盖上锅盖，小火焖 15 分钟至收汁；黄瓜条装碗，加入酸奶、2 克盐、黑胡椒碎、柠檬屑、橙子屑，搅拌均匀。

3 煎鲑鱼、摆盘

揭开锅盖，萝卜的汤汁被收干了后盛出备用；另起锅注油烧热，放入鲑鱼煎至芝麻焦脆后翻面，煎至鱼熟，关火。将酸奶黄瓜冷面放入盘子中，放入芝麻鲑鱼，再放入萝卜球即可。

主菜 | 香味浓郁，牛油去腻，烹饪出五星级龙虾

蒜蓉香草牛油烤龙虾

扫一扫二维码
视频同步做美食

◻ **准备材料**

澳洲龙虾 1 只，牛油 50 克，百里香 10 克，蒜末 30 克

◻ **准备调料**

盐2克，鸡粉1克，胡椒粉2克，黑胡椒粉2克，白兰地酒15毫升

1 腌渍龙虾

往处理干净且对半切开的龙虾肉中撒入 1 克盐，放入胡椒粉，加入 5 毫升白兰地酒，腌渍 10 分钟去腥提味。

2 煎制龙虾

平底锅置火上，放入 15 克牛油，加热至微熔，放入腌好的龙虾肉，煎约 1 分钟至变色，加入 10 毫升白兰地酒，续煎半分钟至吸收酒香，关火后将煎至半熟的龙虾肉装盘待用。

3 烤龙虾

另起锅置火上，放入剩余牛油，加热至微熔，掰下百里香叶子，放入锅中，倒入蒜末，加入 1 克盐，放入鸡粉、黑胡椒粉，炒匀调味，将炒好的蒜末铺在半熟的龙虾上。将龙虾放入烤箱中，上、下火均调至 200℃，烤 15 分钟至熟，取出摆盘即可。

109

主菜 | 拉丝的芝士、充满海味的金枪鱼融入通心粉，美味！

芝士金枪鱼通心粉

¤ 准备材料

金枪鱼罐头 70 克，罐装玉米粒 50 克，通心粉 200 克，青椒 70 克，红彩椒 70 克，洋葱 70 克，口蘑 80 克，火腿 50 克，熟鸡蛋 2 个，芝士碎适量

¤ 准备调料

蛋黄酱 30 克，盐 3 克，橄榄油适量

1 处理食材

将备好的火腿切条；熟鸡蛋切成丁；口蘑切丁；洋葱、青椒、红彩椒均切成小块，待用。

2 炒通心粉

通心粉放入盐水中煮 10 分钟，捞出备用。平底锅内放少许橄榄油，下入切好的洋葱块、火腿条，再倒入青椒块、红彩椒块、鸡蛋丁，翻炒均匀，关火盛出。加入玉米粒、通心粉、金枪鱼罐头，再放入芝士碎，挤上蛋黄酱，加入盐拌匀。

3 焗烤煮好的通心粉

将拌好的食材分别倒入两个碗中，撒上芝士碎。将碗放在烤盘上，再将烤盘放入已预热的烤箱内，以上、下火均为200℃的温度烤约 15 分钟，取出即可。

芦笋火腿意大利面

☼ **准备材料**

意大利面160克，芦笋50克，方火腿80克，蒜瓣8克，薄荷叶15克

☼ **准备调料**

盐2克，黑胡椒粉3克，椰子油10毫升

1 处理食材

将火腿切成片；芦笋洗净，切成小段；将蒜切成小块；薄荷叶洗净，摘成片，待用。

2 煮意大利面

锅中注入适量清水烧开，倒入意大利面煮至变软，盛出一小部分煮意面的汤，装入碗中。原锅中加入切好的芦笋，煮至芦笋熟软，将食材全部捞出。

3 炒意大利面

净锅注椰子油烧热，倒入蒜块爆香，再倒入火腿片炒匀，放入意大利面翻炒一会儿，倒入适量意面汤，撒上盐、黑胡椒粉、薄荷叶，翻炒均匀，将炒好的意大利面盛出装碗即可。

113

烹调时间：20分钟

主菜 | 少女口味的意大利面

番茄酱意大利面

☐ **准备材料**

意大利面 180 克，圣女果 50 克，
芝士 1 块，香草碎适量，薄荷叶
适量

☐ **准备调料**

盐 3 克，橄榄油适量

114

1 处理食材

将备好的圣女果洗净去蒂，对半切开；
将芝士切成长条，待用。

2 煮意大利面

锅中注入适量清水烧开，放入意大利面，
加入少许盐，煮至熟软，捞出意大利面，
沥干水分，待用。

3 炒意大利面

锅中淋入少许橄榄油加热，倒入切好的
圣女果，加入盐、芝士条（预留少许），
倒入煮熟的意大利面，翻炒均匀，撒上
适量香草碎，将炒好的意面盛出装碗，
放上薄荷叶、少许芝士条点缀即可。

准易度：★★★

烹调时间：50分钟

主菜｜肉酱，贝壳面，再加上少许罗勒叶，简单的料理往往更考验厨艺

肉酱贝壳面

✿ **准备材料**

五花肉 100 克，培根 100 克，番茄 50 克，口蘑 30 克，甜椒 30 克，洋葱 30 克，芝士片 5 克，蒜末适量，芝士碎适量，贝壳面适量，醋浸刺山柑蕾适量，罗勒叶少许

✿ **准备调料**

盐 3 克，黑胡椒碎 3 克，番茄酱 30 克，食用油适量

1 处理食材

将备好的五花肉剁成肉末，培根、番茄、口蘑、甜椒、洋葱均洗净切小丁，待用。

2 煮贝壳面

炒锅中注水烧开，放入贝壳面煮至变软，闷30分钟，充分发大，待用；倒入食用油，先下肉末和蒜末，煸炒出香味，再放入培根丁、洋葱丁、番茄丁煸炒，倒入番茄酱（留少许），小火焖煮10分钟。

3 肉酱塞入贝壳面中

加入口蘑丁、甜椒丁，加入芝士片，至其熔化再放入盐、黑胡椒碎，翻炒均匀，盛出，放凉，做成肉酱。贝壳面中塞入肉酱，撒上芝士碎，放入用少许番茄酱点缀的盘子中，再点缀适量醋浸刺山柑蕾，放上罗勒叶即可。

难易度：★★★

烹调时间：30分钟

主菜 | 酸甜香，意大利风情味

培根番茄酱焗意面

◻ **准备材料**

蝴蝶意大利面 100 克，洋葱 50 克，培根 3 片，西蓝花 80 克

● **准备调料**

橄榄油少许，盐 2 克，番茄汁 100 毫升，黑胡椒碎 2 克，芝士丝 50 克

1 煮意大利面

将蝴蝶意大利面放入沸水锅，加盐，大火煮 7 ~ 8 分钟，沥干，加橄榄油拌匀。

2 处理食材

西蓝花切小朵，培根切片，洋葱切丝。将培根片、西蓝花、洋葱丝、蝴蝶意大利面装入碗中，依次放番茄汁、盐和黑胡椒碎调味，拌匀。

3 焗烤拌好的面

将拌好的面放入焗碗，撒上芝士丝后，置于烤箱中层，以 180℃ 烤 10 ~ 15 分钟即可。

CHAPTER

— 05 —

餐后甜品，享受甜蜜时光

在食用过大餐之后，没有一丝丝甜蜜的诱惑，
难免有些沉闷，不如让我们把目光放在餐后甜点上。
甜品代表着甜美和爱情，
这和西方人天性中的浪漫不谋而合，
因此他们对餐后甜点情有独钟。
琳琅满目的甜品闪耀着精致诱人的光彩，
让人不禁心向往之。
将甜品放入口中的那一刻，
便是最甜蜜的一刻。

难易度：★☆☆
烹调时间：5分钟

甜品｜不只是在圣诞节才能享用的美味

草莓圣诞老人

¤ 准备材料

草莓 300 克，淡奶油 200 毫升，黑芝麻少许

¤ 准备调料

糖粉少许，细砂糖 20 克

1 淡奶油装入裱花袋

将淡奶油倒入容器中，放入细砂糖，用电动搅拌器先低速打一会儿，再转高速将淡奶油打发至硬性。将大号的裱花嘴放入裱花袋中，装入打发好的淡奶油，备用。

2 制作圣诞老人身体

将洗好的草莓顶部切下，分成两部分，上半部分做圣诞老人的帽子，下半部分做身子，用裱花袋把淡奶油挤到切口上，再把上半部草莓盖上，在顶端再挤一点淡奶油装饰。

3 点缀圣诞老人细节

用镊子把黑芝麻粘在中间淡奶油的部分，做出眼睛，点缀上淡奶油做扣子，即成草莓圣诞老人。将草莓圣诞老人放在盘中，撒上糖粉即可。

难易度：★★☆
烹调时间：8分钟

甜品｜夏日好滋味

芒果轻芝士

¤ **准备材料**

芒果 800 克，趣多多饼干 30 克，鸡蛋 2 个，柠檬 1 个，马斯卡布尼芝士 80 克，芝士适量，冰块适量

¤ **准备调料**

冰糖 30 克，细砂糖 37 克

1 打发蛋黄

趣多多饼干放入保鲜袋，使用擀面杖擀碎，放入杯底；将鸡蛋的蛋清和蛋黄分离，取部分细砂糖放入蛋黄中，使用打蛋器打至微微发白，加入芝士，搅拌均匀。

2 制作芒果酱

热锅中放入芒果炒热，加入冰糖，注入适量清水，搅拌均匀，盖上锅盖，焖 10 分钟。锅中收干水分后，取出芒果，制好芒果酱，再将芒果酱放入冰块中降温。

3 制作糖丝

将柠檬擦出柠檬屑，挤出柠檬汁，再倒入芒果酱中；锅中放入细砂糖，加入清水，煮至焦糖色，冷却至糖浆成浓稠状，吊出糖丝。杯中放入马斯卡布尼芝士，铺上芒果酱，加入糖丝即可。

难易度：★☆☆
烹调时间：20分钟

甜品｜法国的夏天，酸甜的焗苹果味

法式焗苹果

¤ **准备材料**
苹果 2 个

¤ **准备调料**
黄油、白糖各 15 克，朗姆酒适量

1 挖空的苹果加黄油

围绕苹果根部划一个直径为 2 厘米的圆，剔除果核，不要挖空，在苹果中放入黄油。

2 加入调料

倒入白糖，再加入朗姆酒。

3 焗烤苹果

将苹果放入烤盘中，以上、下火 180℃烤 15 分钟即可。

美式巧克力豆饼干

难易度：★☆☆
烹调时间：30分钟

¤ **准备材料**

黄油 120 克，低筋面粉 170 克，杏仁粉 50 克，可可粉 30 克，鸡蛋 1 个，巧克力豆适量

¤ **准备调料**

盐1克，糖粉15克，细砂糖35克

1 搅拌黄油

将备好的黄油装入大碗中，室温软化，加入盐、糖粉，用电动搅拌器混合均匀，分两次加入细砂糖，混合均匀。

2 和面团

鸡蛋分两次加入，每次加入都要混合均匀，低筋面粉加杏仁粉、可可粉混合过筛，分两次加入，每次用刮刀切拌混合均匀，直到看不见干粉，再倒入巧克力豆拌匀，和成面团，成形即可，不要过度搅拌。

3 焗烤

烤盘铺上锡纸，将面团放入，把面团平均分成 17 克重量的小团，搓圆，再用手掌稍微压平，将烤盘放入烤箱，以上、下火均 170℃烤 20 分钟至熟，取出即可。

难易度：★★☆

烹调时间：40分钟

香草泡芙

♢ 准备材料

黄油 69 克，牛奶 68 毫升，低筋面粉 70 克，鸡蛋液 121 克，香草牛奶 268 毫升，蛋黄 38 克，玉米淀粉 22 克，香草荚 1 根，淡奶油 200 克

♢ 准备调料

盐 13 克，白糖 41 克

1 制作泡芙面团

黄油切小块装入锅中，加入牛奶、盐、白糖、水，加热至沸腾，加入过筛的低筋面粉，边加热边用橡皮刮刀不断从底部铲起来后关火，待降温后分次加入鸡蛋液，当提起刮刀，面糊呈倒三角形状时即可。

2 制作泡芙

烤箱预热 180℃，面糊装入裱花袋，用圆形花嘴在烤盘上挤出大小一样的圆形，放入烤箱中层烘烤 25 分钟左右。锅中注入香草牛奶，挤入刮出香草籽的香草荚，煮出味道后拿出香草荚（煮沸后多煮一分钟）。

3 挤入泡芙馅

蛋黄中加入白糖，再加入玉米淀粉、香草牛奶搅拌拌匀，再倒回锅里，不停搅拌至浓稠状离火。淡奶油打发后和牛奶蛋黄糊混合搅拌均匀，制成泡芙馅。将烤好的泡芙底部扎小洞，挤入泡芙馅即可。

131

甜品 | 卖相萌死人，夏天甜梦的味道

草莓挞

扫一扫二维码
视频同步做美食

♡ 准备材料

蛋黄 2 个，牛奶 170 毫升，奶油 75 克，杏仁粉 75 克，鸡蛋 3 个，低筋面粉 240 克，黄奶油 150 克，草莓适量

♡ 准备调料

细砂糖 50 克，糖粉 135 克

1 制作面团

将黄奶油装入碗中，加入糖粉，打入 1 个鸡蛋，加入 110 克低筋面粉，搅拌拌匀，并揉成面团。在台面上撒 10 克低筋面粉，将面团搓成长条，分成两半，用刮板切成小剂子。

2 制作蛋挞

将 2 个鸡蛋打入容器中，加入糖粉，放入奶油、杏仁粉，拌至成糊状，制成杏仁馅。将拌好的杏仁馅装入蛋挞模中至八分满即可，把蛋挞模放入烤盘中，再放入预热好的烤箱中，以上、下火 180℃，烤 20 分钟至其熟透。

3 挤入卡士达酱

将牛奶煮开，放入细砂糖、蛋黄、120 克低筋面粉，拌匀，煮成糊状，即成卡士达酱。去除蛋挞模具，将其放在盘中；用刮板将卡士达酱装入裱花袋中；用刀将草莓一分为二，但不切断，装盘待用。将卡士达酱挤在蛋挞上，在上面放上草莓即成。

甜品 | 酸酸甜甜，不油腻的味道

树莓慕斯

扫一扫二维码
视频同步做美食

¤ 准备材料

蛋糕坯适量，牛奶 80 毫升，树莓 200 克，吉利丁片 15 克，淡奶油 280 克，蓝莓、草莓适量

¤ 准备调料

细砂糖 30 克，朗姆酒 5 毫升

1 制作慕斯淋面

把软化的吉利丁片、细砂糖和牛奶倒入锅中隔水加热，搅拌均匀，离火加入树莓，用长柄刮板搅拌均匀，制成慕斯淋面，把慕斯淋面过筛备用。

2 制作慕斯底

把淡奶油用电动搅拌器打至六成发，倒入部分树莓淋面翻拌均匀，再加入朗姆酒继续拌匀，制成慕斯底。然后把慕斯底倒进装有蛋糕坯的方形模具里并震荡排出气泡，放入冰箱冷藏 3 小时以上。

3 装饰

冻好后取出蛋糕，用刀将其分段切割成正方小块，再将慕斯放在蛋糕底托上，用草莓和蓝莓进行装饰即可。

准易度：★☆☆☆

烹调时间：40分钟

蓝莓派

扫一扫二维码
视频同步做美食

✿ 准备材料

面粉 340 克，黄油 200 克，芝
士 190 克，鸡蛋 50 克，淡奶油
150 毫升，蓝莓 70 克

✿ 准备调料

水 90 毫升，细砂糖 75 克

1 烤派底

把面粉、黄油、水倒进玻璃碗中，用长柄刮板搅拌均匀后放进派模，再用擀面杖对派底进行整形，将派底放在烤盘中，用剪刀在派底部打孔排气，将烤盘放进烤箱烘烤约 15 分钟，取出。

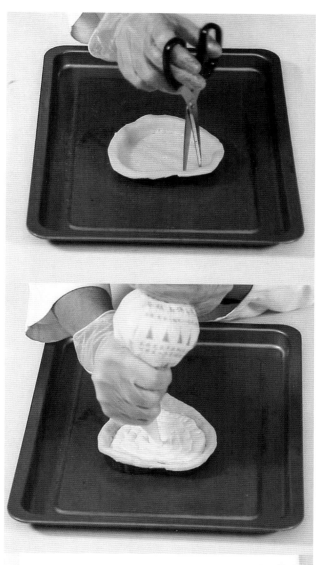

2 加入派心烘烤

把芝士、鸡蛋、淡奶油倒入另一玻璃碗中，搅拌均匀。用裱花袋把搅拌好的派心挤入烤好的派底中，然后把派放进烤箱中烘烤约 20 分钟。

3 装饰

取出烤好的派，冷却后铺上蓝莓装盘即可。

难易度：★ ★ ☆

烹调时间：50分钟

千丝水果派

扫一扫二维码
视频同步做美食

¤ **准备材料**

面粉340克，黄油200克，鸡蛋75克，低筋面粉200克，肉桂粉1克，胡萝卜丝80克，菠萝干70克，核桃60克，黄油50克，草莓、蓝莓、红加仑、樱桃等新鲜水果适量

¤ **准备调料**

水90毫升，细砂糖100克

1 烤派底

把黄油 200 克、水、面粉倒入玻璃碗中，拌匀，倒在案台上，用擀面杖擀成面饼，用刮板刮去剩余部分，将剩余的面团擀成条状，然后绕派模内部一圈，并将派模放进烤箱烘烤约 15 分钟。

2 加入派心烘烤

把黄油 50 克、细砂糖、鸡蛋倒入玻璃碗中拌匀，再倒入低筋面粉、胡萝卜丝、肉桂粉、菠萝干、核桃，搅拌均匀制成派心。派底烤好后取出，用长柄刮板将派心放进烤好的派底中。

3 装饰

用刀整平表面后放入烤盘，将烤盘放进烤箱烘烤约 25 分钟，取出烤好的派，冷却后用新鲜水果装饰即可。

甜品 | 细腻丝滑的轻乳酪蛋糕，清淡而不甜腻

轻乳酪蛋糕

☼ 准备材料

奶酪 125 克，蛋黄 30 克，蛋白 70 克，动物性淡奶油 50 毫升，牛奶 75 毫升，低筋面粉 30 克

☼ 准备调料

细砂糖 50 克

1 预热烤箱

烤箱通电，以上火150℃、下火120℃进行预热。

2 制作蛋糕糊

把奶酪倒入玻璃碗中稍微打散，分多次加入牛奶并搅拌均匀，加入动物性淡奶油、蛋黄、低筋面粉，拌成乳酪糊；另置一玻璃碗，将蛋白和细砂糖打发。将打发的蛋白加入到乳酪糊里，拌匀，再倒入底部用烘焙纸包起来的蛋糕模具里。

3 烤蛋糕糊

把蛋糕模具放入注有高约 3 厘米水的烤盘里，把烤盘放进预热好的烤箱里烤30~45 分钟。蛋糕烤好后取出，放入冰箱冷藏 1 小时以上再切块食用即可。

拿破伦千层酥

☐ **准备材料**

奶油适量，新鲜水果丁适量，千层酥皮：高筋面粉 300 克，低筋面粉 80 克，细砂糖 25 克，水 120 毫升，鸡蛋 35 克，黄油 25 克，片状酥油 80 克

1 制作酥皮

把除片状酥油外的其他酥皮原料用长柄刮板全部倒进面包机中搅拌均匀成面团。把面团用擀面杖擀成片状，压上片状酥油，然后继续擀成片状，重复 3 次直到把片状酥油擀均匀，常温醒发 2 分钟后酥皮就制作好了。

2 烤酥皮

烤盘上垫烘焙纸，放上酥皮，用餐叉刺上一排排小洞，以免烤的时候酥皮隆起。把烤盘放进预热好的烤箱中烘烤约 20 分钟，至酥皮表面微金黄，取出待凉。

3 装饰酥皮

电动搅拌器将奶油打发好；酥皮切大小均匀的方块。先在盘上放一片酥皮，将打发好的奶油装入裱花袋中，用裱花嘴在酥皮上挤出花形，放上新鲜水果丁，再放上第二层酥皮，挤上奶油，铺水果丁，最后再铺上一块酥皮，同样用水果丁和奶油装饰即可。

难易度：★★☆

烹调时间：36分钟

甜品｜万变不离其味之宗

华夫饼

¤ 准备材料

鸡蛋 1 个，牛奶 100 毫升，蜂蜜 10 克，黄油 30 克，低筋面粉 100 克，泡打粉 3 克

¤ 准备调料

细砂糖 20 克

1 制作面糊

鸡蛋加细砂糖打散，倒入牛奶，混合均匀。将低筋面粉和泡打粉混合过筛，与蛋液拌匀成面糊；黄油隔水熔化。将蜂蜜、熔化的黄油（留少许待用）加入面糊中，混合均匀，静置 30 分钟。

2 准备烤制

华夫饼机预热后，薄薄地刷一层熔化的黄油，调到烤制模式。

3 开始烤制

将面糊倒入华夫饼机里，倒满，盖上盖，翻转待熟。熟后取出华夫饼放在晾网上，略冷却再装盘。

烘焙度：★★★

香调时间：260分钟

甜品｜水果蛋糕的"新春天"

绚彩四季慕斯

✿ 准备材料

芒果丁、巧克力、蓝莓、抹茶粉、樱桃、桂花、葡萄、桃子、猕猴桃各适量，牛奶 400 毫升，淡奶油 180 克，细砂糖 30 克，香草荚半根，吉利丁片 12.5 克，蛋黄 3 个

1 备料

吉利丁片剪成小片，用 4 倍量左右的凉开水泡软；香草荚用小刀剖开取籽。

2 制作慕斯糊

将牛奶、蛋黄、细砂糖、香草籽、香草荚放在小锅里搅拌，直到用手指划过刮刀有清晰的痕迹时关火。将泡软的吉利丁片捞出，加在蛋黄糊里搅拌至溶化。淡奶油打发至四分，分 2 次将淡奶油跟蛋黄糊混合均匀，制成慕斯糊。

3 慕斯糊冷藏

将慕斯糊装入模具中，中层加入水果丁，摇晃平整，入冰箱冷藏 4 小时至凝固，取出后用淡奶油挤出奶油花或用水果装饰，即可。

思慕雪

准易度：★★☆
烹调时间：6分钟

☼ **准备材料**

老酸奶600克，黄心猕猴桃、绿
心猕猴桃、草莓、菠萝各适量

1 切水果

需打成冰沙的水果洗干净去皮切成小块，放到冰箱冷冻层冷冻至坚硬结霜；贴壁装饰的水果切成薄片。

2 杯壁贴水果

小心地将装饰水果贴在玻璃杯内壁上，可用竹签等工具辅助贴牢。

3 先后倒入酸奶泥

把老酸奶倒入料理机中，加入冻好的菠萝，搅打成泥，小心地倒入杯子下层。把老酸奶倒入料理机，加入冻好的草莓，搅打成泥，小心地倒入杯子上层即可。

难易度：★★☆
烹调时间：500分钟

甜品｜冰爽盛夏，香味持久

香草冰淇淋

◘ **准备材料**

蛋黄 3 个，牛奶 125 毫升，淡奶油 150 克，香草棒半支

◘ **准备调料**

细砂糖 100 克

1 制作牛奶蛋黄糊

蛋黄里倒入 70 克细砂糖，用电动搅拌器低速搅打至糖溶化，蛋液变浓稠并呈淡黄色；香草棒对半剖开，刮出内部的香草籽，放进牛奶中煮至刚刚沸腾，关火晾至不烫手。香草棒外皮从煮好的牛奶里捡出，将牛奶慢慢冲进蛋黄糊里，边冲边搅拌，以免热度将蛋黄糊烫出蛋花。

2 冷藏淡奶油打发

把牛奶蛋黄糊倒回小锅加热，轻轻划圈搅拌至黏稠，当牛奶蛋黄糊沾在勺子上用手划一道痕不会合拢时，即可关火，再隔着冰水降温；淡奶油从冷藏室取出后，加入 30 克细砂糖，用电动搅拌器中速打至浓稠并出现明显花纹。

3 半成品冷冻

将冷却的牛奶蛋黄糊与淡奶油混合均匀后倒入容器内，盖上盖子放进冰箱冷冻 2 小时左右至半凝固取出。用电动搅拌器低速搅拌一次，再密封好放进冰箱冷冻 2 小时左右取出搅拌，此工序重复 2 次后再放冰箱冷冻至凝固即可。